英国皇家植物园植物图谱 2

异域植物

[英] 大角星编辑部 编
后浪编辑部 译
刘 夙 校

北京联合出版公司
Beijing United Publishing Co.,Ltd.

ROYAL BOTANIC GARDENS

本书全部插图均由英国皇家植物园（邱园）图书馆艺术藏品档案部提供。

特别感谢艺术与插画馆馆长林恩·帕克（Lynn Parker）以及《柯蒂斯植物学杂志》的编辑马丁·里克斯博士（Martyn Rix）为本书所做的工作。

衷心感谢科普作家——上海辰山植物园工程师刘夙先生为本书所做的专业词汇审校工作。

图书在版编目（CIP）数据

英国皇家植物园植物图谱 . 2, 异域植物 / 大角星编辑部编；后氵辑部译；刘夙校 . — 北京：北京联合出版公司，2016.8
ISBN 978-7-5502-8313-8

Ⅰ . ①英… Ⅱ . ①大… ②后… ③刘… Ⅲ . ①植物—英国—图谱
Ⅳ . ① Q948.556.1-64

中国版本图书馆 CIP 数据核字 (2016) 第 185296 号

英国皇家植物园植物图谱 2　异域植物

编　　者：［英］大角星编辑部

译　　者：后浪编辑部

审　　校：刘　夙

选题策划：**后浪出版公司**

出版统筹：吴兴元

编辑统筹：蒋天飞

责任编辑：管　文

特约编辑：张丽捷

营销推广：ONEBOOK

装帧制造：墨白空间·王斑

- -

北京联合出版公司出版

（北京市西城区德外大街 83 号楼 9 层　100088）

北京盛通印刷股份有限公司印刷　新华书店经销

字数 10 千字　889 毫米 ×1194 毫米　1/16　6 印张

2016 年 11 月第 1 版　2016 年 11 月第 1 次印刷

ISBN 978-7-5502-8313-8

定价：49.80 元

- -

前　言

　　这本书中的插画都取自《柯蒂斯植物学杂志》（*Curtis's Botanical Magazine*）的档案，这份运营时间最长的期刊刊登世界各地的彩色植物插图。杂志由药剂师、植物学家威廉·柯蒂斯（William Curtis，1746—1799）于1787年创办，最初的名字叫作《植物学杂志》（*The Botanical Magazine*）。它不仅吸引了科学家们的关注，也吸引了许多绅士和小姐们的注意。他们想要了解众多新引进的观赏花卉的信息，这些花卉在有钱人和时髦人的花园里很流行。19世纪见证了植物收藏的繁荣，新发现的物种满足了维多利亚时期英国上层社会对异国情调的狂热。

　　每期杂志包括3张手工上色的铜版蚀刻版画，并配有文字介绍，包括按林奈法命名的植物名、属名和特征，以及植物学、园艺学和历史上的背景知识，还包括我们现在所称的保护方法、经济应用价值等。威廉·柯蒂斯要价每月1先令，很快就有了2000位订阅者。他委托熟练的艺术家制作刻版，杂志迅速取得了成功。直到1948年，图版都是通过手工上色的，后来因为缺少上色工，才用照相复制法制作。

　　威廉·柯蒂斯于1799年去世后，杂志更名为《柯蒂斯植物学杂志》。当威廉·杰克逊·胡克（William Jackson Hooker，1785—1865）从格拉斯哥大学南迁到皇家植物园当院长后，杂志于1841年开始由邱园制作。约瑟夫·达尔顿·胡克（Joseph Dalton Hooker，1817—1911）于1865年从父亲手中接过了编辑的任务，直至今天，杂志依旧由邱园的员工和艺术家们负责制作。

　　除了一幅以外，本书中的所有插画都是沃尔特·胡德·费奇（Walter Hood Fitch，1817—1892）的作品，沃尔特·胡德·费奇为这个杂志画了2700幅植物插画，在他一生中出版了超过10000幅插画。图33是由他的学生哈丽特·西塞尔顿－戴尔（Harriet Thiselton-Dyer）绘制的，她也是约瑟夫·达尔顿·胡克的女儿。她在1878到1880年间帮忙绘制了大约100幅插画，以确保沃尔特·胡德·费奇在1877年突然辞职之后杂志能正常出版。

　　书中包括44种异域植物的彩色图版以及它们相对应的黑白石版画，读者可以亲手为它们上色。最初的水彩画是对着实物写生的，所以可以确定的是，读者完成的上色图是真实植物的精确再现。鉴定植物的一个关键因素，是它们最初出版时所用的名字，这可以在后面几页中找到。那些已经废弃的名字的现代名称通常可以在网上找到，在本书中亦以附录形式给出，读者还能在网上找到与原始图版相关的参考资料。

关键词

1 *Gardenia malleifera*
蓝靛石榴茜

2 *Mamillaria clava*
八刺凤梨球

3 *Echinocactus chlorophthalmus*
灰色鹿角柱

4 *Sida integerrima*
全缘叶亮花苘

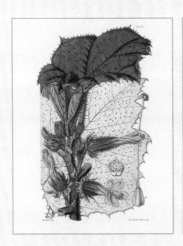

5 *Hibiscus ferox*
刺叶幌伞葵

6 *Passiflora amabilis*
可爱西番莲

7 *Curcuma cordata*
女王郁金

8 *Alloplectus capitatus*
头花亮果岩桐

9 *Echinocactus rhodophthalmus*
二色天晃玉

10 *Nymphaea ampla*
大睡莲

11 *Begonia thwaitesii*
柔嫩秋海棠

12 *Tacsonia sanguinea*
葡萄叶西番莲

13 *Hibiscus radiatus*
辐射刺芙蓉

14 *Crinum giganteum*
巨文殊兰

15 *Haemanthus insignis*
榴红网球花

16 *Ananas bracteatus*
红凤梨

17 *Nepenthes villosa*
长毛猪笼草

18 *Cattleya granulosa*
翠香卡特兰

19 *Fuchsia simplicicaulis*
单茎倒挂金钟

20 *Caladium bicolor*
五彩芋

21 *Lindenia rivalis*
中美溪锦树

22 *Portlandia platantha*
白花泉钟花

23 *Mutisia decurrens*
下延叶须菊木

24 *Vriesea xiphostachys*
三色铁兰

25 *Limatodes rosea*
玫红虾脊兰

26 *Ipomoea alatipes*
翼梗盒果藤

27 *Agave glaucescens*
翠绿龙舌兰

28 *Cypripedium hookerae*
绿云兜兰

29 *Encephalartos horridus*
蓝非洲铁

30 *Alstromeria caldasii*
多花竹叶吊钟

31 *Aechmea distichantha*
列花光萼荷

32 *Dendrobrium farmeri*
凤眼石斛

33 *Habranthus fulgens*
火焰小顶红

34 *Morenia fragrans*
线叶竹节椰

35 *Urceolina pendula*
坛水仙

36 *Phalaenopsis schilleriana*
丁香蝶兰

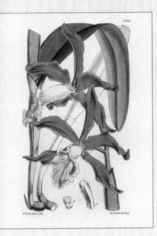

37 *Laelia grandis*
大贞兰

38 *Dipteracanthus affinis*
相近楠草

39 *Dendrobrium dixanthum*
黄花石斛

40 *Heliconia humilis*
鹦鹉蝎尾蕉

41 *Cattleya dowiana*
秀丽卡特兰

42 *Eranthemum cinnabarinum*
朱红山壳骨

43 *Rondeletia odorata*
郎德木

44 *Citrus aurantium*
酸橙

附录

部分植物拉丁文名更新表

1. *Gardenia malleifera* = *Rothmannia whitfieldii*

2. *Mamillaria clava* = *Coryphantha octacantha*

3. *Echinocactus chlorophthalmus* = *Echinocereus cinerascens*

4. *Sida integerrima* = *Bakeridesia integerrima*

5. *Hibiscus ferox* = *Wercklea ferox*

7. *Curcuma cordata* = *Curcuma petiolata*

8. *Alloplectus capitatus* = *Corytoplectus capitatus*

9. *Echinocactus rhodophthalmus* = *Thelocactus bicolor*

11. *Begonia thwaitesii* = *Begonia tenera*

12. *Tacsonia sanguinea* = *Passiflora vitifolia*

14. *Crinum giganteum* = *Crinum jagus*

15. *Haemanthus insignis* = *Scadoxus puniceus*

21. *Lindenia rivalis* = *Augusta rivalis*

24. *Vriesea xiphostachys* = *Tillandsia tricolor*

25. *Limatodes rosea* = *Calanthe rosea*

26. *Ipomoea alatipes* = *Operculina pteripes*

27. *Agave glaucescens* = *Agave attenuata*

28. *Cypripedium hookerae* = *Paphiopedilum hookerae*

30. *Alstromeria caldasii* = *Bomarea multiflora*

33. *Habranthus fulgens* = *Rhodophiala fulgens*

34. *Morenia fragrans* = *Chamaedorea linearis*

35. *Urceolina pendula* = *Urceolina urceolata*

37. *Laelia grandis* = *Sophronitis grandis*

40. *Heliconia humilis* = *Heliconia psittacorum*

42. *Eranthemum cinnabarinum* = *Pseuderanthemum cinnabarinum*

资料来源：中国自然标本馆（Chinese Field Herbarium, 简称 CFH）
植物标本信息系统

4307

1

8

2

4358.

Fitch, del. et lith.

Reeve, Benham & Reeve, imp.

10

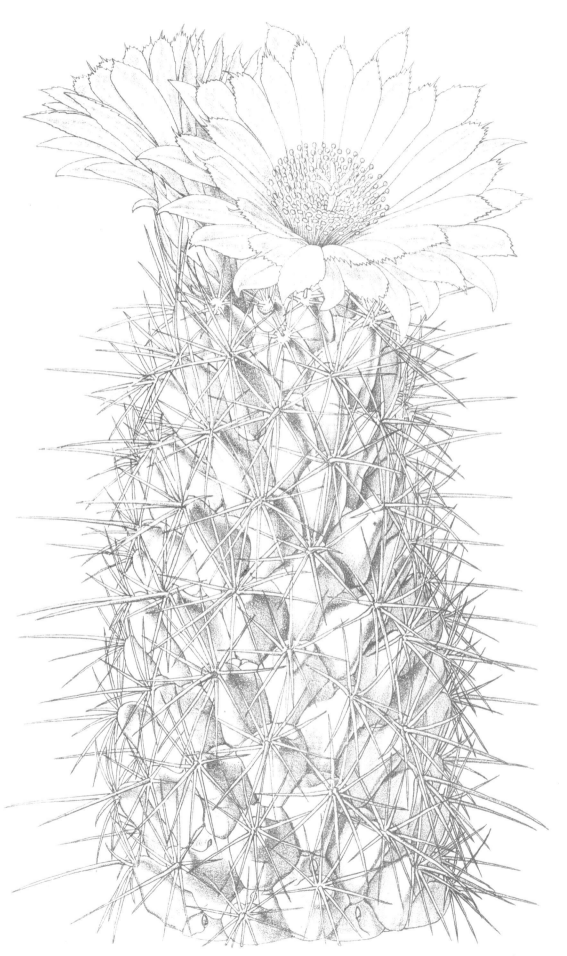

Reeve, Benham & Reeve, imp.

Fitch del. et lith.

Reeve, Benham & Reeve, imp.

Fitch. del et lith.

Reeve Benham & Reeve imp

4360.

1.

Reeve, Benham. & Reeve, imp.

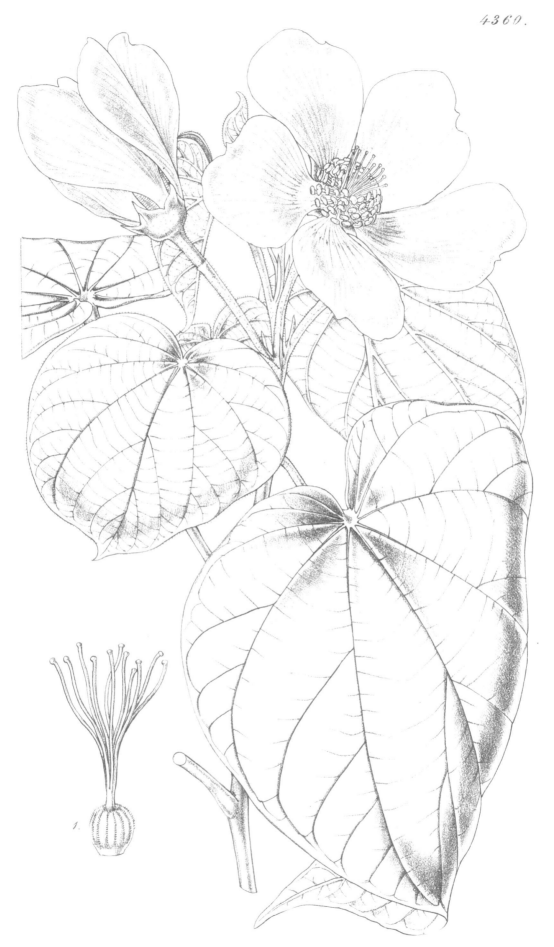

1.

Reeve, Benham & Reeve, imp.

4401.

Fitch del. et lith.

Reeve, Banham & Reeve imp.

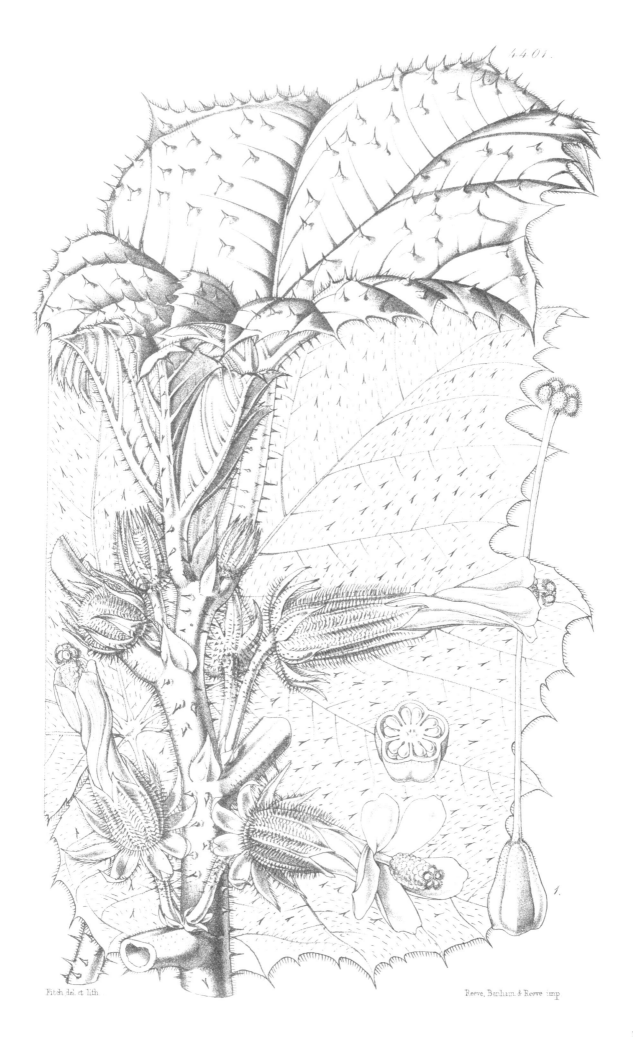

6

4406.

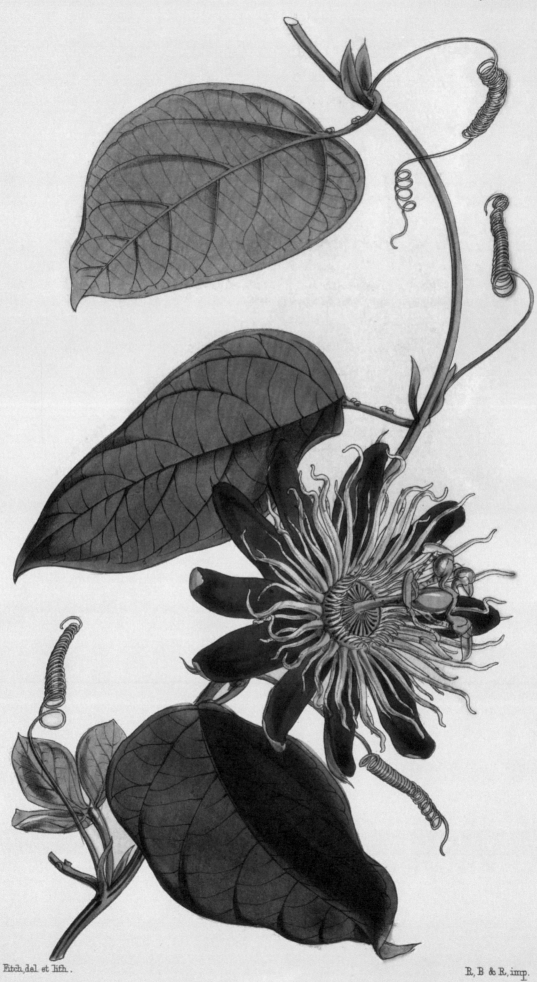

Fitch, del. et lith.

R, B & R, imp.

Fitch, del. et lith.

R, B & R, imp.

4435.

Fitch, del. et lith

R.B. & R., imp.

Fitch del. et lith.

R. B. & R. imp.

8

4452.

Fitch del et lith.

R. B. & R. imp.

22

Fitch del et lith.

R.B.& R. imp.

9

4486.

Fitch del et lith.

R.B. & R. imp.

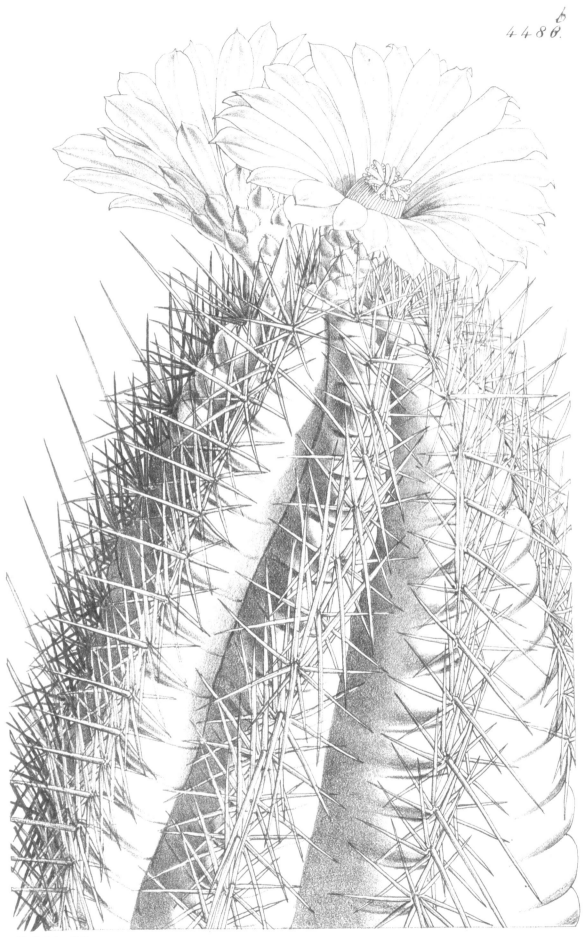

Fitch del et lith.

R.B. & R. imp.

4469.

Fitch del et lith.

R. B. & R. imp.

Fitch del et lith.

R.B. & R. imp.

Fitch, del et lith.

4692

1.

F. Reeve, imp

del et lith.

P. Reeve, imp

4674.

Fitch, del. et lith..

E. Reeve, imp.

Fitch, del et lith.

F.Reeve, imp.

W.Fitch, del. et lith.

Vincent Brooks, Imp.

W.Fitch, del. et lith.

Vincent Brooks, Imp.

14

W.Fitch,del.et lith.

Vincent Brooks,Imp.

W.Fitch, del. et lith.

Vincent Brooks, Imp.

4745.

Fitch, del. et lith.

F. Reeve, imp.

Fitch, del. et. lith.

F. Reeve, imp.

5025.

W.Fitch del.et lith.

Vincent Brooks Imp

W. Fitch del. et lith.

Vincent Brooks Imp.

5085.

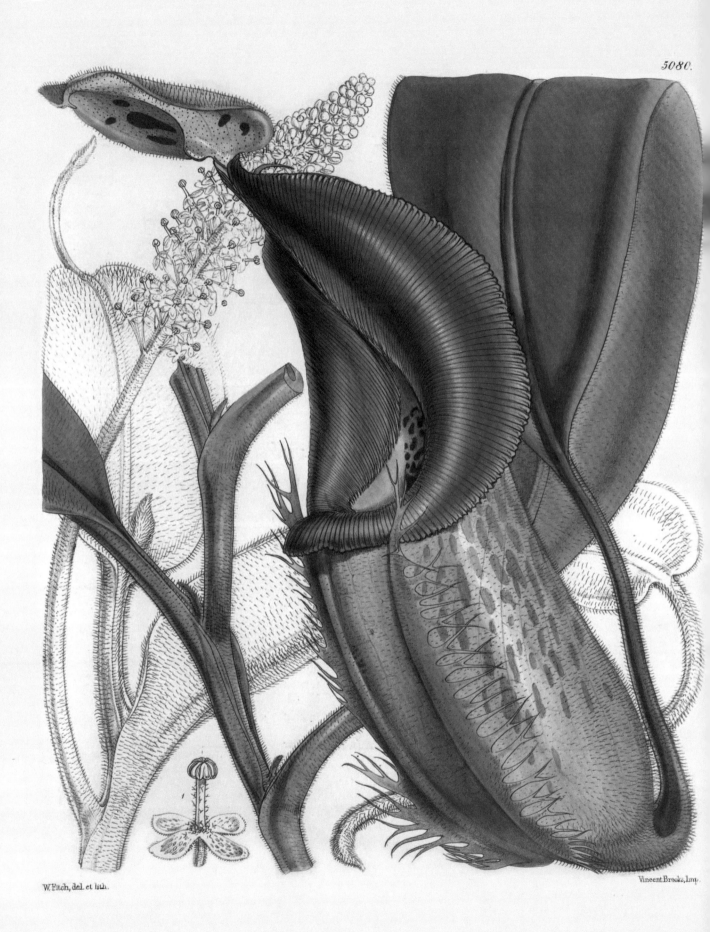

5080.

W. Fitch, del. et lith.

Vincent Brooks, Imp.

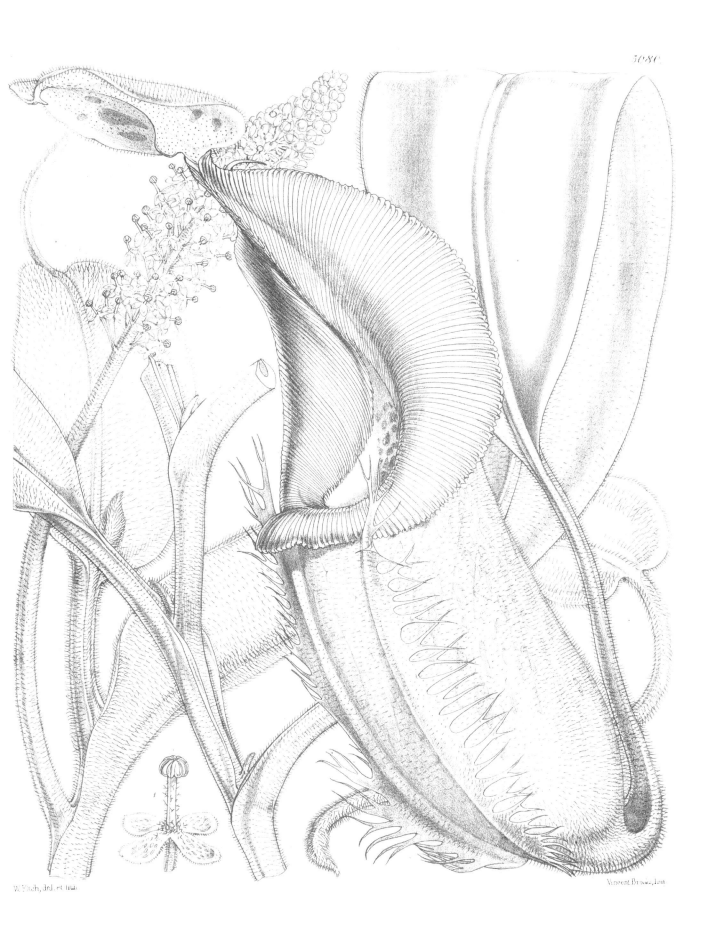

W. Fitch, del. et lith.

Vincent Brooks, Imp.

5048.

1.

W. Fitch del et lith.

Vincent Brooks Imp.

19

5096.

W. Fitch, delt et lith.

Vincent Brooks, Imp.

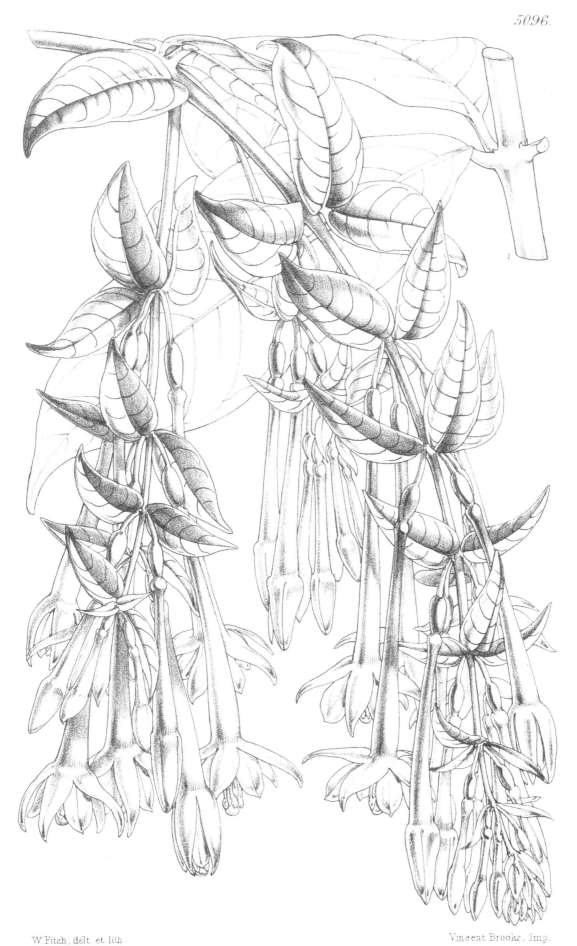

W. Fitch, delt et lith.

Vincent Brooks, Imp.

5255.

W.Fitch, del.et lith.

Vincent Brooks, Imp.

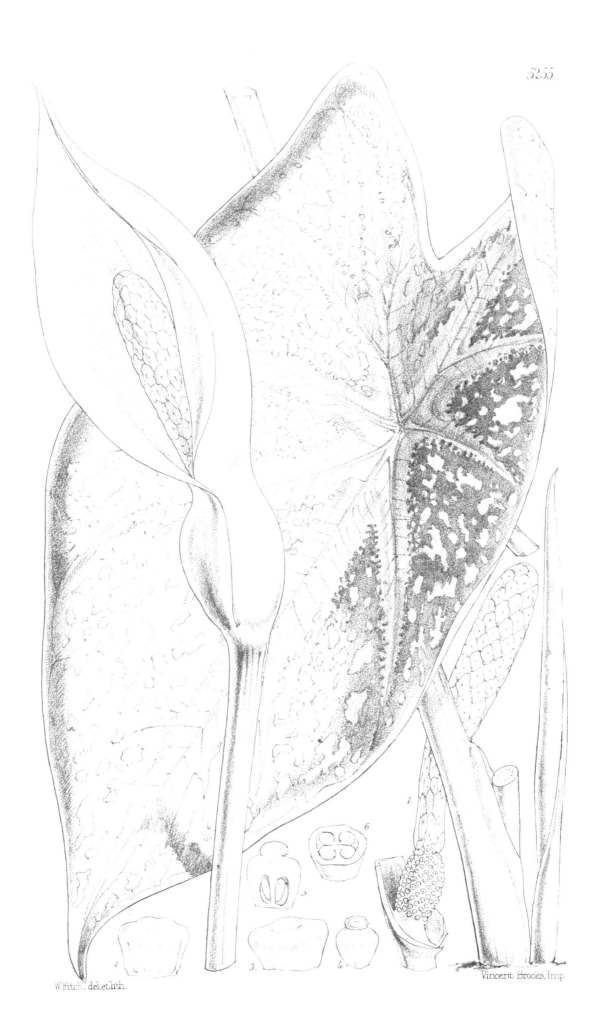

W.Fitch, del.et lith.

Vincent Brooks, Imp.

5258.

W.Fitch, del. et lith.

Vincent Brooks, Imp.

5258.

W Fitch, del. et lith.

Vincent Brooks, Imp.

49

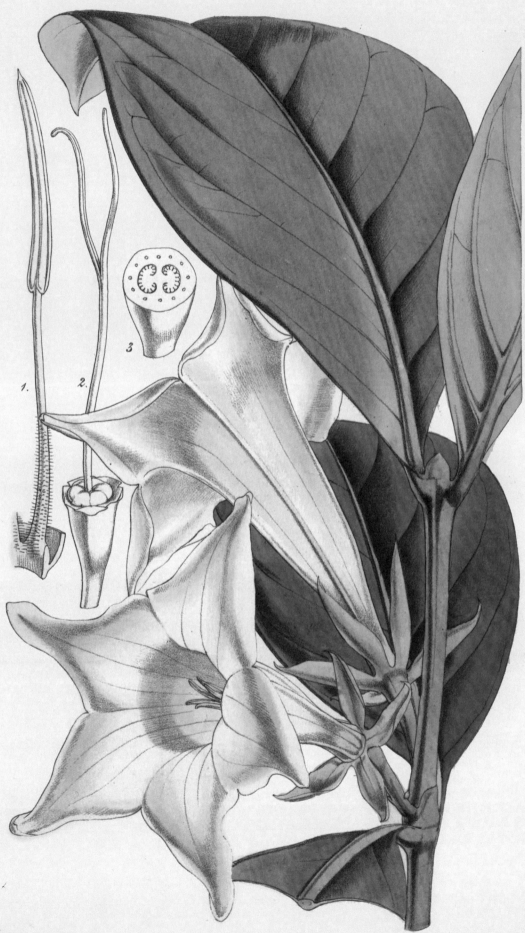

1.

2.

3.

Fitch del. et lith.

F. Reeve, imp.

1. 2. 3.

Fitch del et lith.

F. Reeve, imp.

23

5273

W.Fitch, del et lith.

Vincent Brooks, Imp.

5273

W. Fitch, del et lith.

Vincent Brooks, Imp.

53

5287.

W. Fitch, del. et lith.

Vincent Brooks, Imp.

W. Fitch, del. et lith.

Vincent Brooks, Imp.

5312.

4.

2.

1.

3.

W.Fitch,del.et lith.

Vincent Brooks,Imp.

W. Fitch, del. et lith.

Vincent Brooks, Imp.

5330.

W.Fitch, del. et lith.

Vincent Brooks, Imp

1.

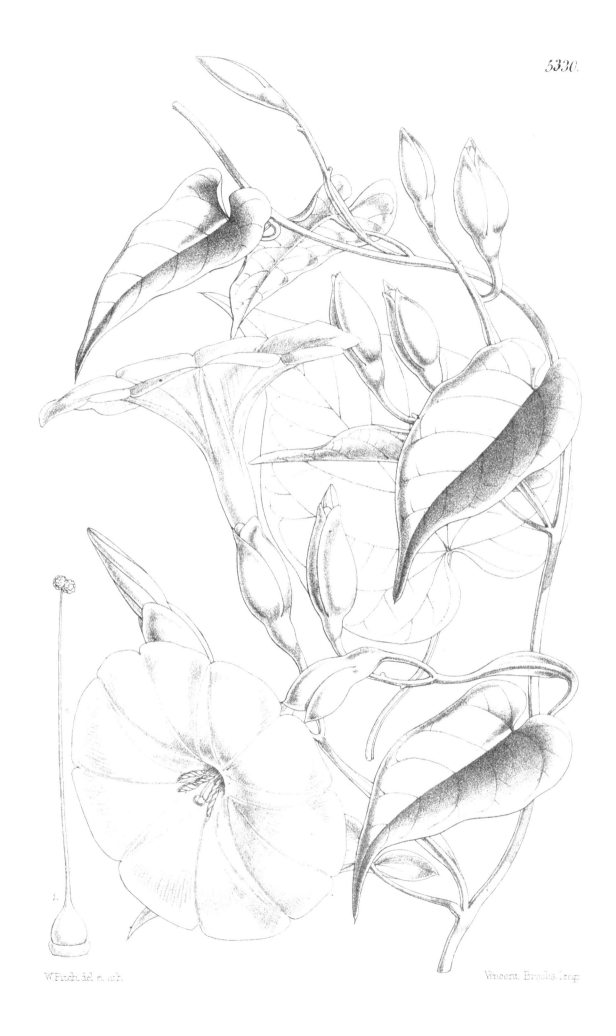

W.Fitch. del. et nih.   Vincent Brooks Imp.

5033.

W.Fitch.del.et lith.

Vincent Brooks, Imp.

W. Fitch del. et lith.

Vincent Brooks, Imp.

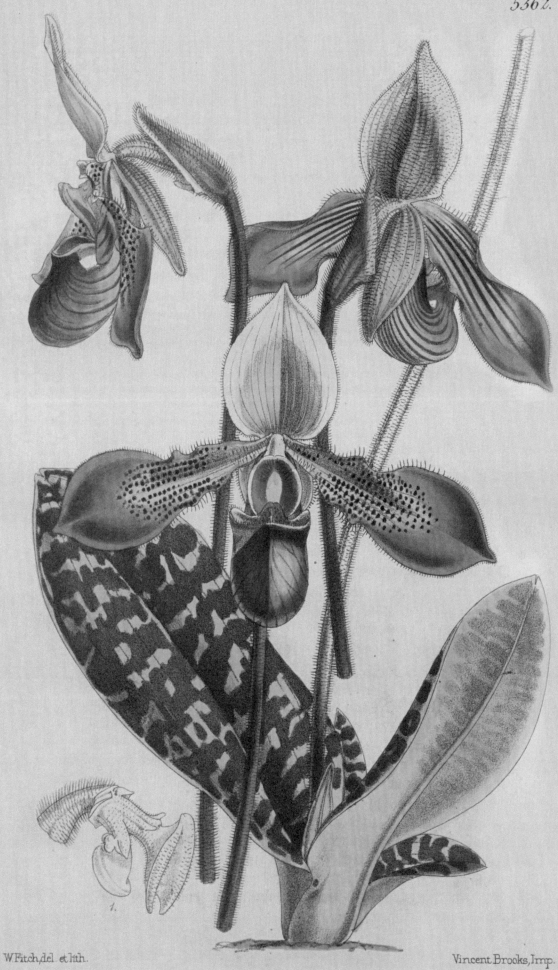

W.Fitch,del. et lith.

Vincent Brooks,Imp.

W. Fitch, del. et lith.

Vincent Brooks, Imp.

29

5371.

W. Fitch, del. et lith.

Vincent Brooks, Imp.

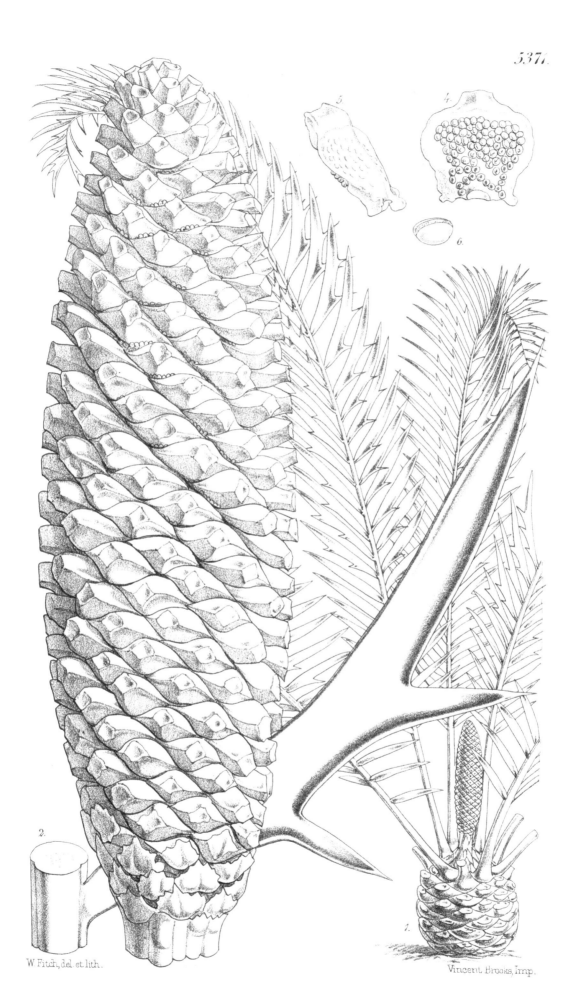

5377.

W. Fitch, del. et lith.

Vincent Brooks, Imp.

65

5442

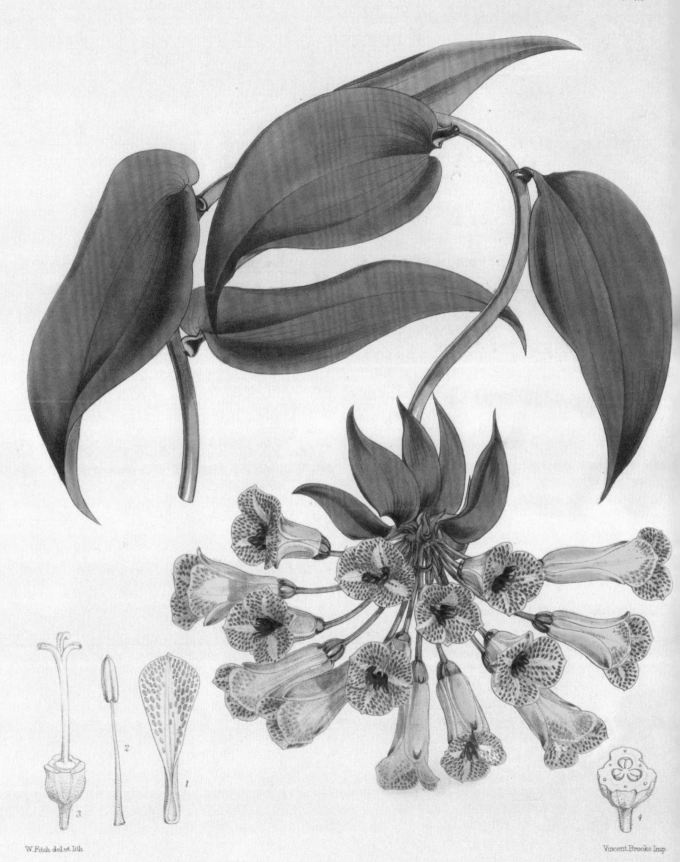

W. Fitch del et lith.

Vincent Brooks Imp.

W. Fitch del et lith

Vincent Brooks Imp

5447.

W.Fitch, del. et lith.

Vincent Brooks, Imp.

5447.

W.Fitch,del.et lith

Vincent Brooks, Imp

5451.

W Fitch, del et lith.

Vincent Brooks, Imp.

W Fitch, del et lith

Vincent Brooks, Imp

5563.

W.Fitch,del.et lith.

Vincent Brooks,Imp.

W.Fitch,del.et lith.

Vincent Brooks imp.

5492.

W.Fitch, del et lith.

W. Fitch del et lith.

75

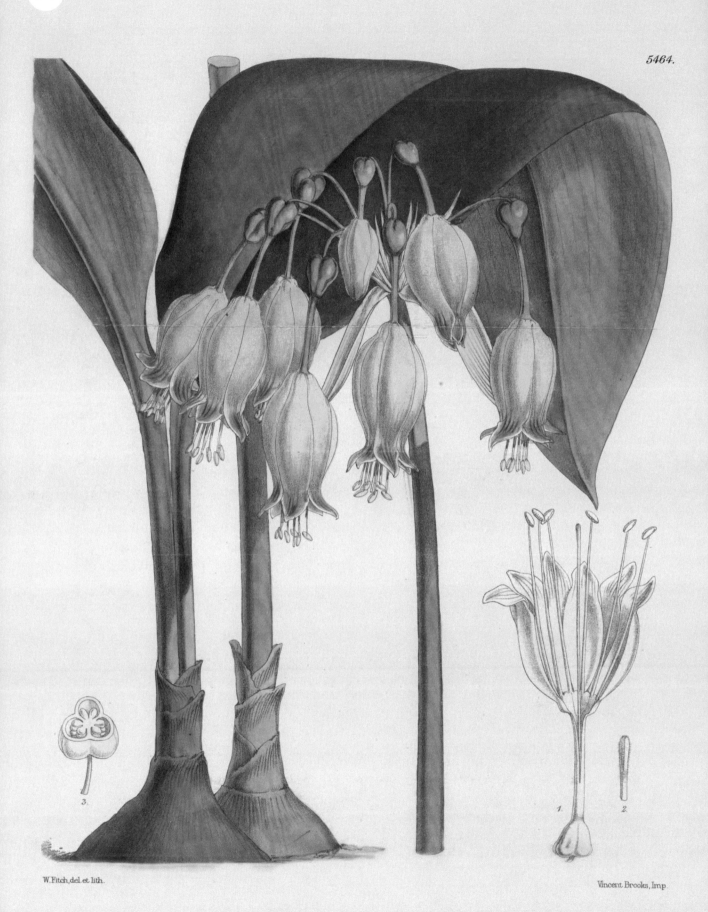

5464.

W. Fitch, del. et lith.

Vincent Brooks, Imp.

W.Fitch,del et lith.

Vincent Brooks, Imp

5530.

W.Fitch,del.et lith.

Vincent,Brooks,Imp.

5530.

W. Fitch, del. et lith.

Vincent Brooks, Imp.

5553.

W. Fitch, del. et lith.

Vincent. Brooks, Imp.

5553.

W. Fitch, del. et lith.

Vincent Brooks, Imp.

5414.

W. Fitch, del. et lith.

Vincent Brooks, Imp.

5414.

1.

W.Fitch,del.et lith.

Vincent Brooks, Imp.

2.

1.

W. Fitch, del. et lith.

Vincent Brooks, Imp.

5564.

W.Fitch,del.et lith.

Vincent Brooks,Imp.

5613.

W. Fitch, del. et lith.

Vincent Brooks, Imp.

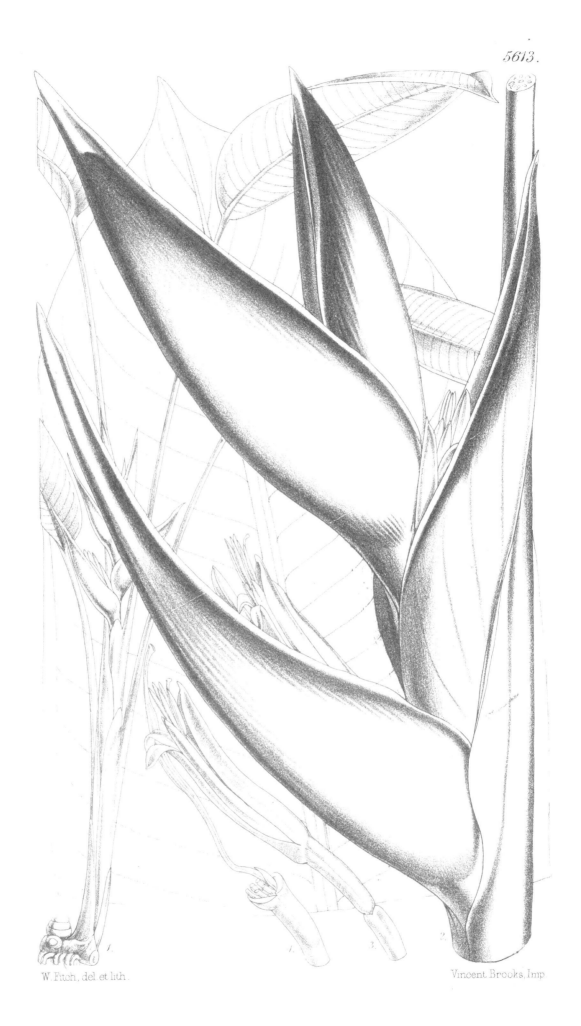

W. Fitch, del et lith.

Vincent Brooks, Imp.

5618.

W. Fitch, del. et lith.

Vincent. Brooks, Imp.

5618.

W. Fitch, del. et lith.

Vincent. Brooks, Imp.

1.

2.

W. Fitch. del. et lith.

Vincent Brooks, Day & Son, Imp.

1.

2.

Vincent Brooks, Day & Son, Imp.

43

6350

H.T.D. del J N Fitch Lith

L. Reeve & Co London

Vincent Brooks Day & Son Imp

H.T.D. del J N Fitch Lith

Vincent Brooks Day & Son Imp

L. Reeve & Cº London

6128

W.Fitch, del et lith.

Vincent.Brooks Day & Son, Imp

W.Fitch, del et lith.

Vincent Brooks Day & Son, Imp

1

2